BEI GRIN MACHT SICH IHR WISSEN BEZAHLT

- Wir veröffentlichen Ihre Hausarbeit,
  Bachelor- und Masterarbeit

- Ihr eigenes eBook und Buch -
  weltweit in allen wichtigen Shops

- Verdienen Sie an jedem Verkauf

Jetzt bei www.GRIN.com hochladen und kostenlos publizieren

Neapoli Karagianni

Handlungsstrategien gegen die Verbreitung von HIV-Infektionen im nationalen und internationalen Vergleich

GRIN Verlag

Bibliografische Information der Deutschen Nationalbibliothek:

Die Deutsche Bibliothek verzeichnet diese Publikation in der Deutschen National-
bibliografie; detaillierte bibliografische Daten sind im Internet über http://dnb.d-
nb.de/ abrufbar.

Impressum:

Copyright © 2001 GRIN Verlag GmbH
Druck und Bindung: Books on Demand GmbH, Norderstedt Germany
ISBN: 978-3-638-67227-6

Dieses Buch bei GRIN:

http://www.grin.com/de/e-book/67716/handlungsstrategien-gegen-die-verbreitung-
von-hiv-infektionen-im-nationalen

Katholische Fachhochschule Nordrhein – Westfahlen
Abteilung Köln
Fachbereich Gesundheitswesen
Studiengang Pflegepädagogik

Hausarbeit im Fach Humanbiologie

Handlungsstrategien HIV- Infektionen im nationalen und internationalen Vergleich

Vorgelegt von: Neapoli Karagianni- Zachos
Abgabe: 02. April 2001

Inhaltsverzeichnis

Abkürzungsverzeichnis

AIDS	Acquired Immune Deficiency Syndrome
	Syndrom erworbener Immunschwäche
BseuchG	Bundesseuchengesetz
BZga	Bundeszentrale für gesundheitliche
	Aufklärung
DAH	Deutsche AIDS- Hilfe
HIV	Human Immunodeficiency Virus
	Menschliches Immunmangel Virus
StVollzG	Strafvollzugsgesetz

1. Einleitung

Im Vordergrund dieser Arbeit stehen die Handlungsstrategien gegen die
Weiterverbreitung von HIV Infektionen im nationalen und internationalen
Vergleich.

Tatsache ist, dass es bis heute keine prophylaktische Impfung und kein antivirales
Medikament gegen HIV gibt. Dem zur Folge sind vorbeugende Maßnahmen zur
Vermeidung der Infektion durchzuführen. Durch Aufklärungskampagnen wird das
Wissen über die Gefahren einer HIV- Infektion vermittelt. Sie soll eine
Einstellungsveränderung in der Gesellschaft bewirken. Die Menschen sollen
erreicht, bewegt, überzeugt und motiviert werden.

Ob Aufklärungskampagnen die Wirksamkeit und den Erfolg haben ist fraglich.
Hier sei die „Anti- Raucher- Kampagne „ erwähnt. Auf die
Gesundheitsgefährdung und– schädigung durch das Rauchen wurde bei dieser
Kampagne massiv aufmerksam gemacht, der Tabakkonsum ist jedoch nicht
gesunken. [1]

Mit welchen präventiven Maßnahmen versucht wurde die Weiterverbreitung von
HIV zu verhindern, und welche Wirksamkeit sie bis heute haben, wird in dieser
Arbeit dargestellt. In einem Vergleich zwischen der BRD und den afrikanischen
Ländern werden die Unterschiede der HIV- Prävention in den Industrieländern
und den Ländern der
3. Welt aufgezeigt.

---

[1] Vgl. Wolters, Jörg- Michael: AIDS, psychosoziale Folgeprobleme und sozialpädagogisch
  verantwortete Strategien der Prävention und Bewältigung. Band 5, Frankfurt am Main 1989,
Seite70.
  (im folgenden zitiert als: Wolters: AIDS Prävention)

2. Allgemeines zu HIV und AIDS

Anfang der 80er Jahre verunsicherte die Gesellschaft eine bisher unbekannte tödliche Infektionskrankheit, die Rede ist von AIDS.[2] Es handelt sich bei AIDS nicht um eine Einzelerkrankung, sondern um ein Bündel von verschiedenen Krankheiten. Durch den Erreger HIV wird das körpereigene Abwehrsystem zerstört. Die Inkubationszeit beträgt ½ bis 8 Jahre, in Einzelfällen sogar wesentlich länger.[3] Die meisten Forscher vertreten folgende These über die Entstehung/ Verbreitung des Virus: In bestimmten Gegenden Afrikas kommt bei einigen Affenarten ein ähnliches Virus vor. Durch rituelle Handlungen, wie z.b. das Essen von rohem Fleisch oder Opferhandlungen könnte die Übertragung auf den Menschen erfolgt sein. Von Afrika kam HIV nach Haiti.[4] Das mag auf die Tatsache zurückgehen das in den 60er und 70er Jahren Haitianer nach Zentralafrika auswanderten und dort lebten. Einige von ihnen kehrten nach Haiti zurück. Für homosexuelle Männer aus den USA war Haiti in den 70er Jahren ein beliebter Ferienort. Über diesen Weg gelangte HIV nach Amerika und ist jetzt weltweit epidemisch.[5]

Die ersten Erkrankungsfälle waren zunächst in den USA bei homosexuellen Männern aufgetreten.[6] Isoliert wurde das Virus erstmalig 1983. Der erste Antikörpertest stand 1985 zur Verfügung.[7] 1987 wurden HIV-2 Viren sowie über 600 Mutationen von HIV-1 entdeckt, die AIDS auslösen können.
Eine HIV- Infektion kann nur dann erfolgen, wenn ein Austausch von Körperflüssigkeiten erfolgt, wie durch Blut, Sperma und Vaginalsekret. Obwohl in Urin und Speichel HIV nachgewiesen wurde, ist eine Infektion aufgrund geringer Konzentration von Erregern zwar theoretisch denkbar jedoch praktisch nahezu ausgeschlossen.[8]

---

[2] Vgl.: Krämer, Alexander/ Stock, Christiane(Hrsg.): HIV- Ausbreitung und Prävention. Weinheim und München 1996, Seite 165.
(im folgenden zitiert als: Krämer: HIV- Ausbreitung).
[3] Vgl.: Pschyrembel Klinisches Wörterbuch. 256. Auflage, Berlin 1990, Seite 32.
[4] Online im Internet: URL: http://www.libertylife.at/aidsfr1.htm [Stand 21.02.2001]
[5] Vgl.: Farthing, Charles F./ Brown, Simon E./ Staughton, Richard C.D./ Cream, Jeffrey J./ Mühlenmann,
Mark: AIDS. Erworbenes Immundefekt- Syndrom. 2. Auflage, Stuttgart 1989, Seite 17.
(im folgenden zitiert als: Farthing: AIDS)
[6] Vgl.: Wolters: AIDS Prävention, a. a. O., Seite 14.
[7] Vgl.: Krämer: HIV- Ausbreitung, a. a. O., Seite 7.
[8] Vgl.: Wolters: AIDS Prävention, a. a. O., Seite 15 f.

Das heißt, eine Übertragung von HIV kann durch Geschlechtsverkehr, gemeinsame Benutzung von Spritzenbesteck bei Drogenabhängigen, bei Bluttransfusionen und Organtransplantationen erfolgen. Weiterhin besteht die Gefahr bei der Verwendung von infiziertem Sperma(künstliche Befruchtung) und die Übertragung von HIV infizierten Müttern auf ihre Kinder während der Schwangerschaft und Stillzeit. Eine Übertragung z.B. durch gemeinsame Benutzung von Sanitäranlagen, Geschirr, Bettwäsche sowie bei Körperkontakt oder Anhusten ist nicht möglich.[9]

---

[9] Vgl.: Online im Internet: URL: http://www.libertylife.at/aidsi.htm [Stand 21.02.2001]

3. Handlungsstrategien der Bundesrepublik Deutschland

3.1 Präventive Maßnahmen der Bundesregierung

Das Wochenmagazin „Der Spiegel" veröffentlichte 1983 ein Heft mit der Titelgeschichte AIDS. Diese Ausgabe führte zu einer breiten Diskussion in der Bevölkerung.

Die Bundesregierung reagierte in kurzer Zeit mit einem Netz umfassender Maßnahmen auf die Problematik. Im folgenden eine stichpunktartige Auflistung der präventiven Maßnahmen die durch die Bundesregierung durchgeführt worden sind: [10]

- Enquete- Kommission des Bundestages, Koordinierungsstab AIDS
- Versorgungsleistungen über staatliche Organisationen: Bundesgesundheitsamt, Bundeszentrale für gesundheitliche Aufklärung, öffentlicher Gesundheitsdienst
- Zuwendungen an nicht staatliche Organisationen, z.b. AIDS- Hilfe
- Förderung der angewandten Forschung, Modellprojekte und Evaluation
- Förderung der Grundlagenforschung

Somit wurden seitens der Bundesregierung Strategien der Problemanalyse, Forschungsförderung und ein gezielter Aufbau von präventiven Maßnahmen geschaffen um die Weiterverbreitung von HIV zu bekämpfen.

Die Arbeitsteilung zwischen Bundeszentrale für gesundheitliche Aufklärung und Deutscher AIDS Hilfe ist seit Beginn der Aufklärungskampagne ein entscheidender Bestandteil der HIV Prävention um ein breites Spektrum verschiedener Zielgruppen möglichst effektiv zu erreichen.[11] Aber auch die Präventionsarbeit der öffentlichen Gesundheitsdienste ist nicht zu verkennen. Im weiteren Verlauf werden die Aufgabengebiete näher erörtert.

3.2 Präventionsarbeit des öffentlichen Gesundheitsdienstes

Die Aufgaben des öffentlichen Gesundheitsdienstes werden schwerpunktmäßig von den Gesundheitsämtern wahrgenommen. In den Gesundheitsämtern sind Anfang der 80er Jahre AIDS- Zentren eingerichtet worden.[12] Zu ihren Aufgaben

---

[10] Vgl.: Krämer: HIV- Ausbreitung; a. a. O., Seite 168.
[11] Vgl.: Online im Internet: URL: http://www.bzga.de/aids/info.html [Stand 11.02.2001]
[12] Ebenda Seite 166.

gehört seit dem der Schutz der Bevölkerung vor der Weiterverbreitung von HIV und Maßnahmen der Gesundheitserziehung- und Aufklärung. Dieses erfolgt durch Beratungsgespräche, Öffentlichkeitsarbeit und Multiplikatorentraining für Ausbilder und Lehrer. Zusätzlich werden an den Gesundheitsämtern kostenlose HIV- Tests angeboten. Dazu gehört auch die Beratung vor und nach einem HIV-Test sowie Betreuung und Vermittlung von Hilfen an andere Stellen.[13]

3.3 Aufklärungskampagne der Bundeszentrale für gesundheitliche Aufklärung

„Die Bundeszentrale für gesundheitliche Aufklärung übernahm die Aufklärung der sogenannten „Allgemeinbevölkerung"(...).[14]
Die Hauptzielgruppe ist die Allgemeinbevölkerung, sie wollen mit ihrer Aufklärung bewirken, dass AIDS jeden etwas angeht. Im wesentlichen appellieren sie an Vor- und Einsicht der Massen bzw. des Einzelnen. Die besonders gefährdeten Risikogruppen wie homo und bisexuellen Männer, Drogenabhängige, Prostituierte und Infizierte werden von ihren Botschaften nicht erreicht. Sie zählen nicht zu den Zielgruppen der staatlichen Aufklärungskampagne. [15]

Die Bundeszentrale für gesundheitliche Aufklärung begann ihre HIV-Präventionskampagne 1987.[16] Heute noch gehört ihr Logo „Gib AIDS keine Chance" zu den bekanntesten „Markenzeichen" in Deutschland. Das wichtigste Ziel der Bundeszentrale für gesundheitliche Aufklärung ist möglichst viele Neuinfektionen zu verhindern. Um dieses Ziel zu erreichen hat die BZgA Teilziele mit folgenden Inhalten abgeleitet: Ein hoher Wissenstand in der Bevölkerung über Ansteckungsrisiken, Nichtrisiken und Schutzmöglichkeiten soll vermittelt werden.

Weitere Inhalte sind, Motivation zur Kondombenutzung in Risikosituationen und Maßnahmen gegen eine Ausgrenzung und Diskriminierung Betroffener in der Gesellschaft.[17]

Seit Anfang der Aufklärungskampagne wurden über 60 verschiedene Faltblätter und Broschüren gestreut, mehr als 110 verschiedene Anzeigen, über 40 Plakate und etwa 50 Kino- und Fernsehspots entwickelt. Bis heute noch werden die Spots

---

[13] Vgl.: Online im Internet: URL: http://www.wernerschell.de/Rechtsalmanach/Gesundheit.../der_oeffentliche_gesundheitsdienst.ht [Stand 15.02.2001]
[14] Krämer: HIV- Ausbreitung, a. .a. O., Seite 176.
[15] Vgl.: Wolters: AIDS Prävention, a. a. O., Seite 76 ff.
[16] Vgl.: Krämer: HIV- Ausbreitung, a. a. O., Seite 176.
[17] Vgl.: Online im Internet: URL: http://www.bzga.de/aids/info.html [Stand 11.02.2001]

von den öffentlich rechtlichen Fernsehanstalten kostenfrei gesendet.[18] Außer den
Maßnahmen der Massenkommunikationsmittel geben interaktive Ausstelllungen
und Aktionen die Möglichkeit zur persönlichen Auseinandersetzung mit dem
Thema HIV und AIDS. Eine eingerichtete anonyme, persönliche Telefonberatung,
hilft an sieben Tagen der Woche bei persönlichen Fragen, Unsicherheiten und
Ängsten. Bei Bedarf werden Beratungs- und Unterstützungsmöglichkeiten in der
Nähe genannt.[19]

3.4 Aufklärungskampagne der Deutschen AIDS- Hilfe

*„Die Deutsche AIDS- Hilfe(DAH) wurde 1983 in Berlin gegründet und ist seit
1985 der bundesweite Dachverband von mittlerweile etwa 130 örtlichen AIDS-
Hilfen".*[20]
Finanziert wird die Deutsche AIDS- Hilfe überwiegend aus Mitteln des
Bundesgesundheitsministeriums.[21] Durch Spenden, z.b. bei Veranstaltungen der
AIDS Gala, fließt zusätzlich Geld in der Kasse der Deutschen AIDS- Hilfe.[22]
Die DAH wendet sich bei ihrer Aufklärungskampagne an die hauptbetroffenen
Gruppen, wie die homo- und bisexuelle Männer, Drogenabhängigen,
Prostituierten und Inhaftierten.[23] Hier ist hinzufügen, dass im Strafvollzug die
Hauptübertragungswege, die gemeinsame Benutzung von unsterilem
Spritzbesteck und ungeschützter Geschlechtsverkehr sind.[24] Nicht nur
Präventionsarbeit gehört zu den Aufgaben der Deutschen AIDS- Hilfe. Sie bieten
Beratung und Betreuung an und unterstützen Menschen mit HIV und AIDS.
Anfang der 80er Jahre wurde AIDS als „Schwulenseuche" bekannt. Die Deutsche
AIDS- Hilfe widmete sich mit ihrer Aufklärungskampagne zuerst mit der
Verhinderung von Neuinfektionen bei den homosexuellen Männern.
Nachdem sie sich anfänglich rein an die Bedürfnisse der homosexuellen Männer
richtete, wendete sie sich sehr bald auch an andere Zielgruppen.[25]
Die Deutsche AIDS- Hilfe ist der Auffassung, dass ein unterschiedliches
Infektionsrisiko und verschiedene Interessenslagen auch unterschiedliche

---

[18] Vgl.: Krämer: HIV- Ausbreitung, a. a. O., Seite 176.
[19] Vgl.: Online in Internet: URL: http://www.bzga.de/aids/info.html [Stand 11.02.2001]
[20] Online im Internet: URL: http://www.aidshilfe.de/werwirsind.htm [Stand 11.02.2001]
[21] Vgl.: Krämer: HIV- Ausbreitung, a. a. O., Seite 176.
[22] Vgl. Online im Internet: URL: http://www.hivnet.de/hivnetnews/hivnetnews.htm [Stand
13.02.2001]
[23] Vgl.: Krämer : HIV Ausbreitung, a. a. O., Seite 185 ff.
[24] Vgl.: Wolters: AIDS Prävention, a. a. O., Seite 32.
[25] Vgl. Krämer: HIV- Ausbreitung, a. a. O., Seite185 ff.

Aufklärungsbedürfnisse erfordern. Sie gehen gezielt auf den Infektionsschutz bei homosexuellen- und bisexuellen Männern, Drogenabhängigen, Prostituierten sowie an gefährdete Heterosexuelle(Freier) und Strafgefangene ein. Das Ziel ihrer Aufklärung ist, den Hauptbetroffenen zur Einsicht der erforderlichen Verhütungsmaßnahmen zu verhelfen. Diese Einsicht soll durch einen auf Freiwilligkeit basierenden Lernprozess erreicht werden. Bis heute hat die Deutsche AIDS- Hilfe diverse Veröffentlichungen, Comics, Broschüren, Artikelsammlungen, Informationsmappen, Adressenlisten, Literaturempfehlungen, Aufkleber, Poster und Postkarten erstellt. Sogar Info-Faltblätter zum Teil in 10 Sprachen sind veröffentlicht worden. Diese Faltblätter beantworten nicht nur Fragen zum Thema Safer- Sex, sondern befassen sich auch mit zugeschnittenen Probleme für bestimmte Adressatenkreise. Auch Fragen zum aktuellen Stand der medizinischen Forschung und Pro und Contra eines HIV-Tests werden beantwortet. Es wurden jedoch nicht nur für die Hauptbetroffenengruppen Informationen konzipiert. Broschüren für Angehörige von AIDS Kranken sowie Unterrichtsmaterial für Lehrer und Erzieher und Informationen für die allgemeine Öffentlichkeit wurden entworfen. Die staatlichen Slogans wie „AIDS kriegt man nicht, AIDS holt man sich" unterscheiden sich von den entwickelten Informationen der Deutschen AIDS-Hilfe. Sie sind in einer zielgruppenspezifischen Sprache formuliert. Das heißt in einer Sprache die, die Adressaten verstehen und die Inhalte auch diese erreicht. Speziell für homosexuelle Männer sind Safer Sex– Infos und- Comics veröffentlicht. Begleitend zu den sachlichen und detaillierten Informationen über Safer- Sex werden Überschriften wie z.B.„Spritz nicht in meinem Mund" oder „Bumse nie ohne Pariser" hinzugefügt. Slogans wie „ An alle Junkies: Benutzt keine fremden Pumpen" sollen Drogenabhängige ansprechen. Für Prostituierte, Freier und Strafgefangene sind auch Slogans in einer Sprache konzipiert worden die diese Gruppe ansprechen sollen. Nicht nur die Auswahl der Sprache spielt bei der Aufklärungskampagne der Deutschen AIDS- Hilfe eine Rolle. Die vermittelten Informationen über Risikoverhalten, HIV Infizierung und AIDS sollen sinnvolle Schutzmaßnahmen beinhalten. Das heißt sie sollen für die Zielgruppen nachvollziehbar und realisierbar sein. Um die besonders gefährdeten vor einer HIV- Infektion zu erreichen ist die Aufklärung und Beratung vor Ort von besonderer Wichtigkeit. Die Deutsche AIDS- Hilfe versucht durch

Einrichtung von statteilbezogenen Läden als Anlaufpunkt für Betroffene und durch den Einsatz von Street- Workern diese Zielgruppen zu erreichen. Ende der 20er Jahre wurde in den USA eine Arbeitsweise zur Bekämpfung der Jungendkriminalität von Sozialarbeitern entwickelt, die sie Street- Work nannten. Die DAH sucht mit dem Einsatz von Street- Workern die Adressaten „auf der Straße", das heißt in deren Lebensfeldern auf. Sie versucht dort eine zielgruppenspezifische Beratung vorzunehmen. Dieses gestaltet sich als äußerst schwierig, da die tätigen Street- Worker zum Teil nachts arbeiten, das heißt in (Schwulen-) Kneipen, auf den Straßen, am Bahnhofsstrich, in Bordellen, Parks, Diskotheken. Es ist fast unmöglich in der Szene reinzukommen und wenn es ihnen gelingt, gestaltet sich die Aufklärung über Verhütungsmaßnahmen, mögliche Gewinnung eines neuen Körper- und Gesundheitsbewusstsein sowie Fragen über Ausstiegshilfen an diesen Orten als sehr schwierig. Meistens begrenzt sich die Aufgabe der Street- Worker auf die Verteilung von Kondomen und sterilen Injektionsnadeln, im Tausch gegen bereits benutzte Nadeln. In Hamburg liegt der Schwerpunkt der Street- Worker da drin, Personen wie Gastwirte und Bordellbesitzer für Aufklärungsarbeit zu werben. Diese Personen genießen ein größeres Vertrauen und haben einen gewissen Einfluss auf die Gefährdeten. Durch diesen Einsatz verspricht man sich eine höhere Präventionswirkung. [26]

---

[26] Vgl.: Wolters: AIDS Prävention, a. a. O., Seite 75 ff.

4. Inhalte der Aufklärungsarbeit

4.1 Bedeutung des HIV-Tests

Die Blutprobe einer Person die keine HIV- Infektion nachweist bezeichnet man als HIV negativ. Ein HIV positiver Test bedeutet, wenn Antikörper gegen HIV nachgewiesen werden. Da es zu falschen positiven Ergebnissen kommen kann wird immer ein zweiter Test durchgeführt. [27]

Die Beratung vor und nach einem HIV- Test spielt eine große Rolle. Die Ungewissheit, ob eine HIV Infektion vorliegt oder nicht kann eine große Belastung für die Person sein. Daher ist ein Beratungsgespräch vor einem HIV-Test wichtig, es soll den Entscheidungsprozeß zur Durchführung eines Tests erleichtern.

Hier ist im Gespräch abzuklären, inwieweit die Person mit einem eventuell positiven Testergebnis umgehen kann. Die Konsequenzen eines positiven HIV-Tests sind zu verdeutlichen. Ein positives Ergebnis kann für die Betroffen psychosoziale Folgen haben, kaum jemand kann damit umgehen, die Personen sind schockiert und werden mit ihrer Angst sehr schlecht fertig. In dieser Phase ist es wichtig die Unterstützung eines Beraters anzunehmen. Jedoch nicht nur bei einem positiven Ergebnis ist ein Beratungsgespräch notwendig. Ein negatives Ergebnis bedeutet kein Freibrief für die Zukunft. Eine mögliche Verhaltensänderung sollte von dem Ergebnis nicht abhängig gemacht werden. Eine HIV- Infektion kann trotz eines negativen Ergebnisses nicht ausgeschlossen werden. Zum einen wegen der Inkubationszeit, zum anderen wegen eines möglichen Fehlergebnisses. Daher ist es notwendig beim Gespräch zu verdeutlichen, dass auch bei einem negativen Ergebnis der Schutz vor einer Infektion durchgeführt werden muss.

HIV- Tests werden in der Regel auf freiwilliger Basis durchgeführt. Heimliche Tests ohne Einwilligung sind rechtlich unzulässig. [28] In vielen Bundesländern werden in den Gesundheitsämtern bei Prostituierten im Rahmen der üblichen Geschlechtskrankenfürsorge, HIV- Tests angeboten.

---

[27] Vgl.: Online im Internet: URL: http://www.libertylife.at/aidshh.htm [Stand 21.02.2001]
[28] Vgl.: Wolters: AIDS Prävention, a. a. O., Seite 91 ff.

In manchen Bundesländern besteht in diesem Bereich sogar ein Zwang.[29] Viele Justizverwaltungen haben beschlossen an alle Inhaftierten im Strafvollzug einen HIV- Test durchzuführen, anstatt Vorbeugemaßnahmen wie unsterile Spritzenbestecke, Desinfektionsmittel oder Kondome zu verteilen. In Bayern und Nordrhein Westfahlen besteht sogar eine zwingende Blutentnahme nach § 101 StVollzG bei Risikogruppen im Strafvollzug.[30] In manchen Bundesländern werden unfreiwillig praktizierende HIV- Tests bei Asylsuchenden durchgeführt. Die Deutsche AIDS- Hilfe setzt sich gegen diese Praktiken ein.[31]

Sinnvoll kann ein HIV- Test bei einem Kinderwunsch sein. Die Übertragung des Virus auf das Kind kann im Mutterleib, bei der Geburt oder beim Stillen erfolgen. Für eine infizierte Mutter bedeutet eine Schwangerschaft eine gefährliche zusätzliche Belastung des Abwehrsystems. Der Ausbruch von AIDS und eine erhöhte Rate von Spontanaborten durch die Schwangerschaft wurde beobachtet. Aufgrund dessen werden Gynäkologen vom Ärztebund angehalten zu einem Test zu motivieren.

Ob mit oder ohne Test, ob positives oder negatives Testergebnis im jedem Fall ist ein ansteckungsgefährdetes Verhalten zu vermeiden. Und das nicht nur aus Gründen des Eigenschutzes sondern auch zu Schutz von anderen Personen.[32]

4.2 Bedeutung von Safer- Sex

Der Begriff Safer- Sex bedeutet sicherer Sex. Er umschreibt eine Reihe sexueller Verhaltensweisen. Sicherer Sex beinhaltet riskante Sexualpraktiken zu vermeiden, das heißt solche Praktiken, wo es zum Austausch von Körperflüssigkeiten kommen kann. Außerdem hat Safer- Sex die Bedeutung sexuelle Verhaltensweisen, wie z.B. Masturbation, Streicheln, Massieren zu bevorzugen.[33] Zum einen soll Safer- Sex vor Ansteckung mit HIV schützen. Zum anderen sollen bereits Infizierte vor weiteren Infektionen geschützt werden, da diese für das

---

[29] Vgl.: Hofmann, Andrea/ Knust, Petra/ Schmidt, Nicole D.: Frauen und AIDS. Reinbek bei Hamburg 1994,
　　Seite 164.
　　(im folgenden zitiert als: Hofmann: Frauen und Aids)
[30] Vgl.: Wolters: AIDS Prävention, a. a. O., Seite 32.
[31] Vgl.: Online im Internet: URL: http://www.aidshilfe.de/dah/aktuelles/infos_medien/infos.htm
　　[Stand 11.02.2001]
[32] Vgl.: Wolters: AIDS Prävention, a. a. O., Seite 93 ff.
[33] Vgl.: Online im Internet: URL: http://www.libertylife.at/aidss.htm [Stand 21.02.2001]

Immunsystem belastend sind.[34] Die Benutzung von Kondomen ist ein Hauptprinzip des Safer- Sex.

Dementsprechend wird in den Aufklärungskampagnen zur Kondombenutzung beim Vaginalverkehr, Analverkehr und Oralverkehr angehalten. Informationen, dass Kondome nur fettfreie Gleitmittel vertragen und Öle, Fette, Lotionen, Cremes und Vaseline die Kondome beschädigen sind mit beinhaltet. Es wird darauf aufmerksam gemacht, dass die Kondomqualität außerhalb Europas nicht wie gewohnt ist. Daher wird empfohlen die Kondome mitzunehmen.[35]

Es besteht trotz Safer- Sex Aufklärung jedoch der Konflikt zwischen dem Wunsch nach Gesundheit und dem Wunsch nach Nähe und Verschmelzung mit dem Partner. Die Kondombenutzung kann in einer Partnerschaft ein Gefühl von Misstrauen auslösen. Zusätzlich bedeutet die Benutzung von Kondomen eine Veränderung im Sexualverhalten und der Verlust von sexueller Freiheit. Das heißt Verzicht auf bestimmte Sexualpraktiken, die Kreativität im Sexualleben geht verloren.[36] Daher stehen bei der Aufklärung nicht nur Sachinformationen im Vordergrund, sondern Diskussionen über emotionale Betroffenheit und das Aufzeigen von intimen Handlungsmöglichkeiten.[37]

Intimität und Sexualität werden in der Regel selten offen mit fremden Personen diskutiert, aber eine angemessene Beratung ist nur dann durchführbar wenn Hemmungen abgelegt werden. Nur so kann auf individuelle Gewohnheiten, Fragen, Unsicherheiten eingegangen werden.[38]

Sex ohne Kondom hat es und wird es weiterhin auch immer geben trotz Aufklärung und Beratung. Ein aktuelles Gespräch in den Medien ist der Begriff von sogenannten Barebacking- Partys. Barebacking bedeutet Sex ohne Kondom. Bewusst wird auf diesen Partys auf Kondome verzichtet und jedem Besucher ist dieses von vornherein klar. Die Gefahr solcher Partys ist nicht nur die Nichtbenutzung von Kondomen, sondern auch das Nichtwissen wie viele der Besucher positiv, negativ oder ungetestet sind. Ursprünglich wurden diese Partys von und für HIV- Infizierte veranstaltet, mit dem Hintergrund ohne Angst und Zurückweisung Sex haben zu können. Mittlerweile besuchen HIV negative

---

[34] Vgl.: Wolters: AIDS Prävention, a. a. O., Seite 98.
[35] Vgl.: Online im Internet: URL: http://www.bzga.de/aids/info.html [Stand 11.02.2001]
[36] Vgl.: Wolters: AIDS Prävention, a. a. O., Seite 100 ff.
[37] Vgl.: Krämer: HIV- Ausbreitung, a. a. O., Seite 179 f.
[38] Vgl.: Wolters: AIDS Prävention, a. a. O., Seite 100 ff.

Männer und ungetestete die Partys und nehmen das Risiko einer Infektion in Kauf. Die Frage die sich hier stellt ist, ob die Teilnehmer sich über die möglichen Folgen einer Infizierung bewusst sind. [39]

Ein weiterer Eckpunkt ist die sogenannte Aufklärungspflicht bei HIV positiven Prostituierten. Nach § 34 BseuchG haben sie die Pflicht beim Geschlechtsverkehr Kondome zu benutzen. Sie müssen auf Safer- Sex bestehen. Diese Pflicht besteht nicht nur für HIV positive Prostituierte sondern gilt auch für alle HIV positiven Personen. [40] Dennoch ist fraglich, ob alle HIV- Infizierte dieser Pflicht nachgehen.

Die Entscheidung Safer– Sex zu praktizieren hat ihre Schattenseiten im Bezug auf das Sexualleben. Jedoch sollte bei der Entscheidung gegen Safer- Sex berücksichtigt werden, dass ein Leben mit einer HIV Infizierung große Probleme und Einschränkungen mit sich bringen.

4.3 Präventionsmaßnahmen im Drogenbereich

Die Informationen über das Risiko einer HIV- Infektion beim Drogenkonsum sollen bei der Zielgruppe eine gewisse Abschreckung bewirken.

Aufklärende Maßnahmen wie die Benutzung von sterilen Spritzbestecken, die Durchführung von Entzugs- und Entwöhnungsbehandlungen sowie die Behandlung mit Drogenersatzstoffen sollen vor weiteren Neuinfektionen schützen.

Das wissenschaftliche Methadonprogramm(Methadon ist ein Drogenersatzstoff) des Bundeslandes Nordhein- Westfahlen wurde 1988/89 Städten Bielefeld, Bochum, Düsseldorf, Essen und Köln zuerst eingesetzt. Später wurde das Programm auf insgesamt acht Standorte erweitert. In jedem Standort wurden 25 drogenabhängige Teilnehmer aufgenommen, die täglich mit dem Ersatz- Opiat Methadon versorgt wurden. Bestimmte Aufnahmekriterien wurden festgelegt. Ein wissenschaftliches Begleitprogramm fand parallel zur Methadonbehandlung statt. Zur Auswertung wurden die Befunde an verschiedenen Bereichen vorgelegt. [41]

---

[39] Vgl.: Online im Internet: URL: http://www.aidshilfe.de/dah/aktuelles/themen/index.htm
[Stand 11.02.2001]
[40] Vgl.: Hofmann: Frauen und Aids, a. a. O., Seite 124.
[41] Vgl.: Krämer: HIV- Ausbreitung, a. a. O., Seite 197.

4.4 Aufklärung an Schulen

Die Aufklärung an den Schulen erfolgt in den meisten Bundesländern im Fach Biologie ab der 9. Klasse. Die Ausnahmen sind die Bundesländer Baden Württemberg und Berlin, der Beginn erfolgt dort ab der 7. Klasse.

Während der Schulzeit befinden sich die jungen Menschen in einer Phase der Neugier bezüglich Sexualität und Drogen. Daher hat die Aufklärung an den Schulen eine große Bedeutung. Nicht nur Wissensvermittlung ist angesagt, die Jugendlichen sollen sich bestimmte Einstellungen und Haltungen aneignen.[42]

4.5 Beratung

Eine Abgrenzung von Aufklärung und Beratung ist in der Praxis häufig schwierig, denn sie gehen ineinander über. In erster Linie nehmen Anspruch auf Beratungsgespräche Ansteckungsgefährdete und bereits Infizierte. Die mit AIDS Erkrankten sind in der Regel in stationärer Behandlung und Betreuung. Jedoch spielt die Beratung nicht nur bei Infizierten eine Rolle. Wie schon beschrieben ist sie auch wichtig bei Nichtinfizierten Personen, wenn es um Themen wie HIV-Test und Safer- Sex geht.

Eine Informationsbroschüre, ein Kondom oder eine sterile Nadel sind keine ausreichenden Hilfen für die Hauptbetroffenen.

Durch Beratung können Themen wie die Angst vor einer Infektion, ein Partnerverlust, mögliche Isolation, Sterben, Tod, reale Konflikte mit Partnern, Angehörigen, Kollegen und Probleme mit der eigenen Sexualität bewältigt werden.[43] Voraussetzung für ein Gespräch ist Offenheit und Vertrauen, d.h. nur wenn Tabus gebrochen werden und eine vertrauensvolle Atmosphäre vorhanden ist, kann auf persönliche Probleme und Ängste eingegangen werden. Das könnte sich in manchen Fällen als schwierig gestalten, denn nicht jede Person lässt zu, dass in die Intimität und Persönlichkeit eingedrungen wird.

Daher wird vom AIDS Berater Fingerspitzengefühl erwartet. Nicht nur Gefühlsarbeit gehört zu den Aufgaben des Beraters. Er soll bei Problemen dem Betroffenen helfen eigene Lösungen zu finden und keine vorzugeben.[44]

---

[42] Vgl.: Wolters: AIDS Prävention, a. a. O., Seite 53 ff.
[43] Ebenda Seite 90.
[44] Ebenda Seite 105 ff.

4.6 Integration

Aufklärung, Beratung und Betreuung der Betroffenen ist wichtig, jedoch die Beseitigung von unsozialem Verhalten durch die Gesellschaft ist ein Problem mit dem sich die Sozialpolitik auseinandersetzen muss. Die Aussonderung der Betroffenen, z.b. durch Einrichtungen von AIDS- Stationen im Krankenhausbereich vermitteln den Infizierten eine Ausgrenzung gegenüber anderen Patienten. Schuldzuweisungen durch die Gesellschaft, wie z.b. Äußerungen, das Homosexuelle und Drogenabhängige HIV ins Land bringen, sollen abgelegt bzw. verhindert werden. Denn die Verantwortung für die Entstehung und die Bewältigung der AIDS- Problematik geht alle etwas an.

5. Entwicklung der HIV Infektion

Die enge Kooperation zwischen Bund und Ländern, sowie die Zusammenarbeit mit den örtlichen Gesundheitsämtern, der Bundeszentrale für gesundheitliche Aufklärung und der Deutschen AIDS- Hilfe sichern eine bundesweite Struktur der Kampagne. Inwieweit die Präventionsarbeit um Neuinfektionen mit HIV zu vermeiden erfolgreich war, werden im folgenden erörtert. Die folgenden Eckdaten der HIV Infektion, in Form einer Tabelle dargestellt, stammen vom Robert Koch Institut, Stand Ende 1999.

Nach der Laborberichtsverordnung sind in der Bundesrepublik Deutschland die Laboratorien dazu verpflichtet, HIV- Diagnosen anonym an das AIDS- Zentrum des Robert Koch Institutes zu melden.[45]

Gesamtzahl der HIV- Infizierten seit Beginn der Epidemie	• ca. 50.000- 60.000 Infizierte
Neuinfektionen pro Jahr	• ca. 2000
Verteilung nach Geschlecht	• Männer: ca. 80% • Frauen: ca. 20% • Kinder unter 13 Jahren: ca. 1%
Heute wichtige Infektionswege	• Homosexuelle Kontakte bei Männern: ca. 50% • i.v. Drogenmissbrauch: ca. 12% • Heterosexuelle Kontakte: ca. 17% • Personen aus Pattern- II- Ländern: ca. 20% • Übertragung Mutter- Kind: weniger als 1%

---

[45] Vgl.: Online im Internet: URL:
http://www.rki.de/INFEKT/AIDS_STD/EPIDEMIO/ECKDAT/ECKDAT.
HTM [Stand 23.02.2001]

Die überwiegende Zahl der Neuinfektion besteht auch heute noch bei den homosexuellen Männern. Auch wenn die Zahl der Neuinfektionen in den letzten Jahren leicht abgenommen hat prägt die Gruppe der homosexuellen Männer das Bild der Epidemie. Neue Untersuchungen haben gezeigt, dass bei häufig wechselnden Partnern ein Verzicht auf riskante Praktiken und die Benutzung von Kondomen beobachtet wurde. Jedoch in festen Partnerschaften werden Präventionsmaßnahmen oft nicht durchgeführt und ein erheblicher Anstieg der Neuinfektionen wird in dieser Gruppe beobachtet. Die Rate der Neuinfektionen bei Drogenabhängigen zeigt in den letzten Jahren eine leicht abnehmende Tendenz an. Eine deutliche Einschränkung beim gemeinsamen Gebrauch von ungereinigten Spritzen wurde beobachtet. Jedoch an Orten, wo saubere Nadeln nicht zur Verfügung stehen, besteht weiterhin eine große Infektionsgefahr. Das Ergebnis des Methadonprogramms von NRW: Von den 109 negativen Patienten erwies sich nach 2 Jahren ein Patient mit HIV positiven Befund.

Bei heterosexuellen Kontakten nahm die Zahl der Übertragung weiter zu. Die wichtigsten Infektionswege sind sexuelle Kontakte mit Partnern aus der primären Risikogruppe. In den letzten Jahren ist ein Zuwachs der infizierten Frauen über heterosexuelle Kontakte zu erkennen. Dazu gibt es eine einfache Erklärung: Die Zahl der HIV positiven Männer die sexuell aktiv sind, ist höher als die der Frauen. Die Zahl der Neuinfektionen bei Personen aus Pattern- II- Ländern hat deutlich zugenommen. Zu den Pattern- II- Länder gehören Zentral- und Westafrika sowie die Karibik und Südostasien. Eine gesonderte Eingruppierung ist daher gerechtfertigt, weil davon ausgegangen wird, dass diese Personen die HIV-Infektion in ihrem Heimatland erworben haben. Die Zahl der Übertragungen von Mutter und Kind ist sehr niedrig und in den letzten Jahren gleichgeblieben. Es wird vermutet, dass der Höhepunkt der HIV- Epidemie bei Blutern sowie bei Patienten die eine Bluttransfusion oder eine Organtransplantation erhielten während des Jahres 1982 erreicht wurde. Da seit 1985 eine Pflichttestung der Blutspender erfolgt, sind Neuinfektionen praktisch ausgeschlossen.[46]

---

[46] Vgl.: Krämer: HIV- Ausbreitung, a. a. O., Seite 83 ff.

Das Gleiche gilt auch bei Samenspendern, sie werden auf eine mögliche HIV-Infektion untersucht.[47]

Eine unterschiedliche Verteilung von HIV Infektionen ist in West- und Ostdeutschland zu erkennen. Stammen aus Westdeutschland ca. 92% der HIV-Infizierten, sind in den neuen Bundesländern nur 8% infiziert. Jedoch nimmt die Zahl der HIV- Infektion in Ostdeutschland langsam zu.[48] Die HIV Epidemie ist in Deutschland zwar stabil, aber bei weitem noch nicht gestoppt.

Bis heute ist es der Forschung nicht gelungen einen Impfstoff gegen HIV zu entwickeln. Die Schwierigkeit besteht in der großen Wandlungsfähigkeit der äußeren Hülle des Virus.[49] Genauso wie es zur Zeit kein Impfstoff gibt, existiert auch kein Medikament zur Heilung. Die Forschung hat jedoch Medikamente entwickelt um ein Fortschreiten der Infektion zu verlangsamen. Eine sogenannte Kombinationstherapie, d.h. die Einnahme von mehreren Medikamenten wird dann empfohlen. Aber auch diese Medikamente haben z.T. starke Nebenwirkungen. Alternativmethoden, wie z.B. Meditation und entsprechende Ernährung bewirken neben der medikamentösen Therapie eine Verbesserung des subjektiven Empfindens. Vorsicht ist geraten bei Scharlatanen. Sie versuchen sogenannte Wundermittel an die Betroffenen zu verkaufen.[50]

---

[47] Vgl.: Online im Internet: URL: http://www.libertylife.at/aidss.htm [Stand 21.02.2001]
[48] Vgl.: Krämer: HIV- Ausbreitung, a. a. O., Seite 83 ff.
[49] Vgl.: Online im Internet: URL: http.//www.libertylife.at/aidsi.htm [Stand 21.02.2001]
[50] Vgl.: Online im Internet: URL: http://www.libertylife.at/aidsfr1.htm [Stand 21.02.2001]

6. HIV und Afrika

6.1 Die Situation in den afrikanischen Ländern

Nach anfänglicher Verleugnung der HIV- Epidemie sind alle afrikanischen Staaten seit 1985 dazu übergegangen, Kampagnen zur AIDS- Aufklärung zu starten. Dennoch breitet sich die HIV- Infektion weiter aus. Mögliche Ursachen dafür werden im folgenden erörtert.

Durch die hohe Auslandsverschuldung, d.h. durch das Zurückzahlen der Kredite, der Preisverfall der Rohstoffe, die Inflation und dem Bevölkerungswachstum kommt es zu enormen Kürzungen des Etats im sozialen Bereich.[51] Zur Zeit werden etwa 1,5 Milliarden Dollar benötigt um Präventionsmaßnahmen durchzuführen und die gleiche Summe wird für die Grundversorgung von HIV- Infizierten benötigt. Das heißt, den afrikanischen Ländern steht das notwendige Geld nicht zur Verfügung. [52] Aber nicht nur die wirtschaftliche Lage spielt eine Rolle bei der Weiterverbreitung der Infektion. Im medizinischen Bereich mangelt es oft an Fachpersonal. Und wenn das Personal das Wissen hat, ist die Umsetzung in der täglichen Praxis oft nicht möglich. Nicht selten werden nach einer Entbindung die Instrumente nicht desinfiziert, weil es an Desinfektionsmittel und Alkohol fehlt. In ländlichen Gegenden sind die Ärzte oft gezwungen bei schweren Blutverlusten eine Bluttransfusion ohne vorherigen HIV- Test durchzuführen, da die Tests nicht zur Verfügung stehen und die Blutbanken weit entfernt sind. Nicht nur das hygienische Vorsichtsmaßnahmen nicht eingehalten werden können. Ärzte und Pflegepersonal mangelt es an Wissen um mit HIV- Infizierten Patienten und deren Angehörigen umzugehen. Das Resultat ist, das Patienten wenig oder gar nicht aufgeklärt sind. HIV- Infizierte werden sogar isoliert behandelt. Sexualität wird in vielen Ländern Afrikas als Tabuthema angesehen und oft ist das Pflegepersonal nicht in der Lage offen über dieses Thema mit den Patienten zu sprechen. Sogar Kondome die kostenlos verteilt werden sollen, sind auf den

---

[51] Vgl.; Krämer: HIV- Ausbreitung, a. a. O., Seite 150.
[52] Vgl.: Online im Internet: URL: http://www.dwelle.de/aktuelles/tagesthema/berichte/001201-5.html
[Stand 12.03.2001]

Schränken verwahrt, mit der Begründung das die Religion die Kondombenutzung verbietet.[53]

Das Nichtbenutzen von Kondomen wird verstärkt durch einige Regierungen. In diesen Ländern darf nicht einmal das Wort Kondom fallen.[54] Zum Beispiel äußerte sich Sambias Präsident etwa folgender Maßen, die Anwendung von Kondomen sei ein Zeichen von schwacher Moral beim Benutzer. Die Bevölkerung sollte statt der Kondombenutzung lieber den promisken Sex vermeiden.[55] Jedoch nicht nur die Regierungen behindern eine Aufklärung. Erschwert wird diese durch die Beeinflussung von traditionellen Krankheitskonzepten und Glaubensrichtungen. Religion und Krankheit stehen in der afrikanischen Gesellschaft im engen Zusammenhang. Zu den traditionellen Krankheitskonzepten gehören, das Krankheit mit Schuld erklärt oder als Resultat von gekränktem oder missachteten Ahnen und Traditionen gesehen wird. Weiterhin ist der Glaube an Hexerei noch weit verbreitet.[56]

Ein weiteres Problem ist die Armut in Afrika. Die Menschen die in Armut leben sind häufig Analphabeten, dadurch haben sie einen begrenzten Zugang zu den Medien und zur HIV- Aufklärung. Ihnen fehlt das Wissen um Präventionsmaßnahmen durchzuführen.[57] Aber auch die Bevölkerungsgruppe, die das Wissen hat, bleibt ein eingeschränkter Zugriff zu den Verhütungsmitteln und Medikamenten. Die neuentwickelten Kombinationstherapien bleiben für die meisten unerreichbar.[58]

In diesen Ländern stellt die untergeordnete Rolle der Frau ein weiteres Problem dar. Auch wenn die Frauen das Wissen über HIV haben, ist es schwierig ihr Sexualverhalten selbst zu bestimmen. Sie können die Männer nicht zur Kondombenutzung zwingen und haben nicht die Möglichkeit den Geschlechtsverkehr zu verweigern. Die Benutzung eines Kondoms hat nicht nur die Bedeutung vom Infektionsschutz, sondern heißt gleichzeitig Empfängnisschutz. Eine Rolle spielt hierbei die Erwartungshaltung der

---

[53] Vgl.: Online im Internet: URL: http://www.aidsnet.ch/d/infothek_edition_2_00_026.htm [Stand 14.02.2001]
[54] Vgl.: Krämer: HIV- Ausbreitung, a. a. O., Seite 158.
[55] Vgl.: Online im Internet: URL: http://www.hivnachrichten.com/hn041/hn_04112.htm [Stand 14.02.2001]
[56] Vgl.: Online im Internet: URL: http://www.viruskillers.webprovider.com/soziale.htm [Stand 14.02.2001]
[57] Vgl.: Krämer: HIV- Ausbreitung, a. a. O., Seite 157.
[58] Vgl.: Online im Internet: URL: http://www.viruskillers.webprovider.com/soziale.htm [Stand 14.02.2001]

Gesellschaft gegenüber den Frauen. Die meisten afrikanischen Kulturen erwarten von den Frauen das sie heiraten und Kinder gebären sollen.

Ein „Versagen" hat Konsequenzen, wie die gesellschaftliche Ächtung oder sogar der Verstoß aus der ehelichen Gemeinschaft.[59] Weitere kulturelle Vorstellungen und Praktiken sind das „Erben von Ehefrauen", wenn ein Verwandter gestorben ist und die Polygamie.[60]

Die Ausbreitung der HIV- Infektion ist eng verknüpft mit der Migrationbewegung. Insbesondere in ländlichen Gegenden besteht Arbeitslosigkeit, die dazu führt, dass die Bevölkerung in die Städte auswandert. Nicht nur Männer, auch alleinstehende Frauen verlassen ihre Orte und arbeiten innerhalb der Länder oder auch grenzüberschreitend. Viele Frauen arbeiten dann als Prostituierte, weil sie keine Alternativen haben. Die Prostituierten kennen die Risiken von HIV, jedoch haben sie häufig keine andere Wahl als mit ihren Kunden ohne Kondom zu schlafen. Die meisten Frauen arbeiten als Prostituierte um zu überleben und um ihre Kinder zu ernähren, daher können sie es sich nicht leisten Kunden abzuweisen Nicht nur Arbeitslosigkeit führt die Bevölkerung dazu in den Nachbarstädten bzw. Ländern zu gehen. Kriegsituationen veranlassen die Bevölkerung die Kriegsgebiete zu verlassen. Sie flüchten in Nachbarländer um nach Sicherheit zu suchen. Soldaten und Banditen sind in diesen Gebieten unterwegs und die Vergewaltigungen steigen. Dadurch verbreitet sich die HIV-Infektion nicht nur in den Kriegsgebieten, sondern auch in den Nachbarländern.[61]

6.2 Präventionsmaßnahmen in Afrika

Sieht man sich die Situation in Afrika an, ist zu erkennen, dass eine Verhinderung der Weiterverbreitung von HIV sehr schwer ist. Dennoch versuchen einige afrikanische Regierungen HIV als Realität anzusehen und stellen sich dem Problem.

Eine Eindämmung der HIV- Epidemie versprechen sich die Regierungen in Südafrika durch die seit 1995 eingeführten Richtlinien zur Bekämpfung von sexuell übertragbaren Infektionen(STIs). Die hohe Infektionsrate mit anderen sexuell übertragbaren Infektionen ist in Südafrika ein schwerwiegendes

---

[59] Vgl.: Krämer HIV- Ausbreitung, a., a., O., Seite 152 f.
[60] Vgl.: Online im Internet: URL: http://www.aidsnet.ch/d/infothek_edition_2_00_023.htm [Stand 08.03.2001]
[61] Vgl.: Krämer : HIV- Ausbreitung, a. a. O. Seite 154 f.

gesundheitliches und medizinisches Problem. Die Richtlinien enthalten nicht nur die Bekämpfung von STIs, sondern auch die Behandlung der Geschlechtskrankheiten in der medizinischen Grundversorgung. Aber die Umsetzung der Vorhaben in die Praxis ist sehr schwierig. Die Ursachen sind fehlende Medikamente zur Bekämpfung der Geschlechtskrankheiten und ein zu geringer Gebrauch von Kondomen. Hinzu kommt, dass sich viele Partner nicht zu einer Behandlung bewegen lassen.[62] Zum einen hängt dieses mit der teuren und unangenehmen Behandlung zusammen und zum anderen mit dem Misstrauen gegenüber dem medizinischen Personal. Dies ist damit zu erklären, dass die Patienten häufig schlechte Behandlung erleben und die Schweigepflicht gebrochen wird.[63]

Erfolgreiche Präventionsprogramme sind z.B. Aufklärungen an bestimmten Orten. Da sind Orte zu nennen wie Rastplätze und Minencamps. Eine große Verbreitung von HIV wurde hier beobachtet, und das ist damit zu erklären, dass mehrere Personen denselben sexuellen Partner haben. Zu diesen Programmen gehören, die Vorsorge- Behandlungen von STIs bei Prostituierten in südafrikanischen Minenarbeitercamps, Präventionsarbeit bei tansanischen Fernfahrern, Kriseninterventionen für Flüchtlinge aus Rwanda und Militärprojekte in Ghana. Auch wenn diese Programme einen Erfolg zeigten, sind sie nur für bestimmte Gruppen gedacht.

Seit kurzer Zeit wird ein weiterer Schwerpunkt in grenzüberschreitende Programme gesetzt. Es wurde beobachtet das Männer wie Frauen sich risikoreicher verhalten, wenn sie ihr Heimatland verlassen und die Grenzen überschreiten. Die Präventionsprogramme umfassen die Verteilung von Einweg- Aufklärungen durch Faltblätter oder Broschüren, STIs Kontrolluntersuchungen und Kondomverteilung an den Grenzen. Die HIV- Epidemie bricht in der Regel in grenznahen Gebieten aus bevor sie sich ins Landesinnere verbreitet. Weiterhin sind internationale Grenzstädte oft stärker frequentiert als andere Handelstädte und mobile Bevölkerungsgruppen sind an den Grenzen besser zu erreichen als an

---

[62] Vgl.: Online im Internet: URL: http://www.aidsnet.ch/d/infothek_edition_6_99_12.htm [Stand 08.03.2001]
[63] Vgl.: Online im Internet: URL: http://www.aidsnet.ch/d/infothek_edition_2_00_021.htm [Stand 08.03.2001]

anderen Punkten ihres Weges. Eine Evaluation dieser Präventionsstrategie liegt nicht vor, da sie erst seit kurzer Zeit verfolgt wird.[64] Afrikanische Frauen haben generell einen schweren Stand in der Gesellschaft, Prostituierte sind insbesondere davon betroffen. Mit dem 7. Entwicklungsplan setzt sich Kenias Regierung mit einer allgemeinen Verbesserung der sozialen Situation ein. Politische Entwicklungen führen dazu, dass sich die Situation von Frauen und Mädchen verbessert. Bei den Prostituierten führte dieser Einsatz zu einem gesteigerten Selbstwertgefühl. Ein größerer Respekt seitens der Bevölkerung wurde beobachtet. Durch Unterstützung der zuständigen Behörden werden die Prostituierten aufgeklärt und beraten. Die Aufklärung basiert darauf, dass die Frauen eigenverantwortlich Safer- Sex Praktiken anwenden und den richtigen Gebrauch von Kondomen lernen. Somit können sie sich und andere vor einer HIV- Infektion schützen. Zusätzlich wird durch partnerschaftliche Zusammenarbeit mit staatlichen Versorgungseinrichtungen und Apotheken für die Bereitstellung von billigen und leicht erhältlichen Kondomen gesorgt. Evaluationsergebnisse haben gezeigt, dass sexuelle Verhaltensänderungen bei den Prostituierten stattgefunden haben.

Eine andere Möglichkeit zur Reduzierung der HIV- Verbreitung ist, den Prostituierten alternative Verdienstmöglichkeiten anzubieten.

Eine Gruppe von 90 Frauen erhielt Darlehen zum Aufbau von alternativen Einkommensmöglichkeiten vom Kenya Voluntary Women Rehabilitation Centre. Zwar waren die Ergebnisse positiv, jedoch fehlen vielen Regierungen die finanziellen Mittel um den Frauen Alternativen anzubieten.[65]

Aufgrund der finanziellen Situation in Afrika sind Hilfen aus dem internationalen Sektor erforderlich. Eine Mobilisierung erfolgt seit 1986 durch die WHO. Die WHO hat ein globales AIDS- Programm zur Bekämpfung der HIV- Epidemie entwickelt und koordiniert eingerichtet. Das Programm gilt einheitlich für den gesamten Kontinent.

Zu den Inhalten des Programms gehören die Unterstützung zur Einrichtung von staatlichen und nicht staatlichen Gesundheitsdiensten sowie Hilfestellung bei der

---

[64] Vgl.: Online im Internet: URL: http://www.aidsnet.ch/d/infothek_edition_2_00_022.htm [Stand 08.03.2001]
[65] Vgl.: Online im Internet: URL: http://www.aidsnet.ch/d/infothek_edition_2_00_023.htm [Stand 08.03.2001]

Ausbildung von medizinischem Personal. Die WHO übernimmt

Aufklärungskampagnen und stellt Personal zur Verfügung.[66]

Seit März diesen Jahres hat Aids- Take- Care Deutschland e.v. eine zweijährige

Aufklärungskampagne zum Thema HIV/AIDS gestartet. Diese erfolgt mit einer

Zusammenarbeit von 26 überregionalen afrikanischen Funk- und

Fernsehstationen. Aufklärungsmagazine die leicht verständlich sind, werden

kostenlos in Südafrika und Nambia verteilt. Ziel der Kampagne soll sein, dass ein

möglichst hoher Anteil der afrikanischen Bevölkerung über die Verhinderung von

HIV informiert wird. Weiterhin sind für dieses Jahr 12 Benefiz- Konzerte in 12

Ländern und 1 Gala in Kapstadt geplant.[67]

Finanzielle Unterstützung verkündete die Weltbank letztes Jahr in Durban an.

Etwa 1 Milliarde Mark wird sie zur Verfügung stellen für den Kampf gegen die

Aids Katastrophe. Zugang zu den Geldern soll jede Regierung bekommen, die ein

nationales Aids- Bekämpfungsprogramm hat.[68]

Auch Pharmaunternehmen haben finanzielle Unterstützung angekündigt. So z.B.

das Pharmaunternehmen Bristol- Myers Squibb, das in den nächsten 5 Jahren mit

100 Millionen US- Dollar einige Länder Afrikas unterstützen will. Das

sogenannte Secure The Future Programm, das mit öffentlichen und privaten

Organisationen zusammenarbeiten wird, befasst sich mit der medizinischen

Forschung.

Dazu gehört auch die Ausbildung von Ärzten und ein Angebot von

Forschungsstipendien. Weitere Aufgaben werden die Unterstützung von

betroffenen Frauen und Kindern und die Hilfestellung regierungsabhängiger

Organisationen bei sozialen Problemen sein.[69]

Deutschland und andere westliche Hilfsorganisationen haben in den letzten Jahren

für mehrere Zehnmillionen Mark, Flugzeugladungen von Kondomen nach Afrika

fliegen lassen. Viele Länder erhielten Unterstützung beim Aufbau von

Kondomherstellungsfabriken.[70]

---

[66] Vgl.: Online im Internet: URL: http://www.hiv-aids-education.de/Lexikon/AIDSW.HTM
[Stand 12.03.2001]
[67] Vgl.: Online im Internet: URL: http://de.news.yahoo.com/001201/27/17gei.html [Stand
14.02.2001]
[68] Vgl.: Online im Internet: URL: http://www.hivnet.de/hivnetnews/hivnetnews.htm [Stand
13.02.2001]
[69] Vgl.: Online im Internet: URL: http://www.hivnachrichten.com/searchhtm/hn_021_11.htm
[Stand 14.02.2001]
[70] Vgl.: Online im Internet: URL: http://www.viruskiller.webprovider.com/soziale.htm
[Stand 14.02.2001]

Eine große Enttäuschung war jedoch eine Studie in Südafrika, die u.a. von UNAIDS, dem Programm der vereinten Nationen unterstützt wurde. Die Studie begann 1996 und wurde an Prostituierte durchgeführt. Die eine Hälfte der Frauen erhielt das Spermizid Advantage- S, das eine besondere Zubereitung von Nonoxynol- 9 enthält. Nonoxynol- 9 ist in den USA ein weit verbreitetes Spermizid, das als sicher betrachtet wird und im Labor HIV tötet. Placebo(ein Vaginalsekret) erhielt die andere Hälfte der Frauen. Alle Prostituierten bekamen Kondome und wurden zur Benutzung angehalten. Das Ergebnis der Studie war, dass von den 700 Prostituierten die das Spermizid benutzten, über 100 sich mit HIV infizierten. Die Frauen, die Placebo erhielten, zeigten eine niedrigere Infektionsrate.[71]

Trotz internationaler Unterstützung gibt es Bereiche, wo weiterer Handlungsbedarf seitens den afrikanischen Regierungen gefragt ist. Da wäre z.b. die Durchführung von HIV- Tests zu nennen. In Afrika werden überwiegend HIV- Tests ohne das Wissen des Patienten durchgeführt. Kongo ist eines der Länder das sich gegen einen Test ohne die Zustimmung des Patienten ausgesprochen hat.[72] In Südafrika meldeten sogar Ärzte ohne das Wissen der Patienten, HIV- Infektionen an die Arbeitgeber weiter. Die Betroffenen wurden daraufhin entlassen. Eingereichte Klagen gegen dieses Vorgehen waren zum Teil erfolgreich.[73] Ein weiteres Thema ist das Ablegen von Tabus. In Uganda werden diese langsam abgelegt. Da ziehen Theatergruppen durch das Land und gehen in ihren Aufführungen offen mit den Themen Kondom, Prostitution und Ehebruch um.[74] Jedoch findet ein offener Umgang mit dem Thema Sexualität in vielen afrikanischen Ländern nicht statt.

6.3 Die HIV- Epidemie und ihre Auswirkung auf den afrikanischen Kontinent

Eine kontinuierliche Zunahme der Neuinfektionen in Afrika ist zu beobachten.[75]

---

[71] Vgl.: Online im Internet: URL: http://www.hivnet.de/hivnetnews/hivnetnews.htm[Stand 13.02.3001]
[72] Vgl.: Online im Internet: URL: http://www.aidsnet.ch/d/infothek_edition_2_00_026.htm
[73] Vgl.: Online im Internet: URL: http://www.libertylife.at/01020902.htm [Stand 23.02.2001]
[74] Vgl.: Online im Internet: URL: http://www.viruskiller.webprovider.com/soziale.htm [Stand 14.02.2001]
[75] Vgl.: Krämer: HIV- Ausbreitung, a. a. O., Seite 148.

Jedoch fehlen oft genaue Daten, „*da die diagnostischen Möglichkeiten begrenzt sind und die Melderate unterdurchschnittlich ist.*"[76]

Die folgenden Zahlen stammen vom Welt- AIDS- Tag, Stand Ende 1999.[77]

	Menschen mit HIV/AIDS	Neuinfektionen	Anteil der Frauen
Sub- Sahara	• 24.500.000 • davon 1.000.000 Kinder	• 4.000.000 • davon 515.000 Kinder	• 55%
Nordafrika und Mittlerer Osten	• 220.000 • davon 8.000 Kinder	• 20.000 • davon 2.000 Kinder	• 20%

In Afrika sind die Hauptübertragungswege von HIV die heterosexuellen Kontakte und die Übertragung von Mutter zu ihrem Kind.[78]

Auch in Afrika breitet sich die Infektion nicht gleichmäßig aus. In Südafrika leben z.Z. über 70% der HIV- Infizierten in der Welt. Im Vergleich hierzu der Norden und Mittlere Osten Afrikas der mit etwa 0.64% befallen ist. Ungeheure soziale, wirtschaftliche, demographische und entwicklungsrelevante Auswirkungen sind insbesondere in Südafrika zu erwarten, wenn sich die Infektion weiterhin so verbreitet.

Die Hauptbetroffenen sich im produktivem Alter, d.h. der Ernährer der Familie fällt aus oder sogar auch die Mutter. Da kaum finanzielle Unterstützung durch den Staat vorhanden ist, tritt die Großfamilie ein. Aber hier stellt sich die Frage, inwieweit die Großfamilie die Mittel hat die Familienmitglieder zu unterstützen.

---

[76] Farthing: AIDS, a. a. O., Seite 102.
[77] Vgl.: Online im Internet: URL:
http://www.aidshilfe.de/dah/aktuelles/termine/weltaidstag/statistik99.htm
   [Stand 11.02.2001]
[78] Vgl.: Online im Internet: URL: http://www.dwelle.de/aktuelles/tagesthema/berichte/001201-
5.html
   [Stand 12.03.2001]

Weisenkinder, die einen oder beide Elternteile verloren haben und auf sich selbst gestellt sind landen auf der Straße. Sie leiden unter Verarmung, Unterernährung und psychischen Problemen.

Der Verlust des Arbeitsplatzes hat nicht nur Konsequenzen für die Familie. Fallen Arbeitskräfte in ländlichen Gebieten aus, ist die städtische Bevölkerung auch davon betroffen, da sie von den Nahrungsprodukten abhängig ist. In städtischen Gebieten bedeutet der Ausfall von Arbeitern ein Mangel an Fach- und Führungskräften. Ein Produktionsrückgang ist vorprogrammiert, die Exporte sinken. Für den afrikanischen Kontinent hat dieses negative Auswirkungen, weil Devisen dringend notwendig sind. Auch das Bildungs- und Gesundheitssystem wird hart getroffen sein beim Ausfall von Lehrern, Stundenten und medizinischem Personal.

Nicht nur Erwachsene sterben an den Folgen der Infektion, immer mehr Kinder sind betroffen. Prognosen sagen aus, das in Zukunft mehr Kinder an AIDS sterben werden als an Malaria oder Masern.[79]

---

[79] Vgl. Krämer: HIV- Ausbreitung, a. a. O., Seite 151 ff.

7. Vergleich BRD und Afrika

Zwischen der BRD und den afrikanischen Ländern sind unterschiedliche Strukturen zu erkennen. Aufgrund dessen sind bestimmte Handlungsstrategien zur Verhinderung der weiteren Verbreitung von HIV in den afrikanischen Ländern nicht durchführbar. In der folgenden Tabelle werden die Unterschiede noch einmal kurz verdeutlicht.

AFRIKA	BRD
• Geld zur Finanzierung von Aufklärungskampagnen, Unterstützung von HIV- Infizierten und Kranken sowie für Forschung nicht ausreichend vorhanden	• Finanzielle Mittel sind vorhanden
• Kaum finanzielle Unterstutzung von den Regierungen bei Armut oder Verlust des Arbeitsplatzes	• Unterstützung durch den Staat z.B. durch Sozialhilfe, Arbeitslosenhilfe bzw.- geld

AFRIKA	BRD
• Mangelhafte Verantwortung der Regierungen im Bereich Gesundheitssystem • Behinderung der Aufklärungsarbeit durch manche Regierungen	• Regierung übernimmt Verantwortung für das Land • Behindert nicht die Aufklärungsarbeit, sondern verstärkt diese
• In ländlichen Gegenden kaum die Möglichkeiten zur Schulausbildung gegeben	• Einheitliches Schulsystem vorhanden
• Geringe Möglichkeit zur Berufsausbildung; alternative Verdienstmöglichkeiten kaum vorhanden	• Angebot an Ausbildungsplätzen vorhanden; alternative Verdienstmöglichkeiten z.B. durch Vermittlung vom Arbeitsamt möglich

• Zum Teil Kriegsituation	• Keine Kriegsituation
• Untergeordnete Rolle der Frauen	• Gleichberechtigte Rolle Frauen/Männer
• Sexualität ist ein Tabuthema	• In der Gesellschaft wird offen über Sexualität gesprochen
• Behinderung der Aufklärungsarbeit durch Beeinflussung von Traditionen und Religionen	• Traditionen und Glaubensrichtungen stehen nicht im Vordergrund, sie sind keine Behinderung bei der Präventionsarbeit
• Geringer Zugriff an Medikamenten	• Zugriff an Medikamenten stellt kein Problem dar
• Fehlende Mittel im medizinischem Bereich; Beispiele: Desinfektionsmittel, Behälter zur Spritzenentsorgung, HIV- Tests	• Ausreichende Mittel im medizinischem Bereich

Durch diesen Vergleich soll verdeutlicht werden, dass in den afrikanischen Ländern die Ausbreitung von HIV und die Unterentwicklung des Landes sich gegenseitig beeinflussen. Aufklärung reicht somit nicht aus um die HIV-Epidemie zu stoppen, sondern es müssen strukturelle Maßnahmen durchgeführt werden, die der Bevölkerung die Möglichkeit zum Selbstschutz bieten.[80]

---

[80] Vgl.: Krämer: HIV- Ausbreitung, a. a. O., Seite 159.

8. Eigene Einschätzung aus dem Blickwinkel der Berufserfahrung

Eine Beurteilung durchzuführen, inwieweit Aufklärungsarbeit im medizinischem Bereich erfolgreich ist, ist schwierig, da eine Konfrontation mit HIV positiven Patienten nur in vereinzelten Fällen stattgefunden hat.

Prophylaktische Maßnahmen im täglichen stationären Bereich erfolgen, egal ob ein Patient HIV infiziert ist oder nicht, denn sie dienen auch zum Schutz vor anderen Infektionen. Die Durchführung von Desinfektion, Sterilisation, die gesonderte Entsorgung von Spritzen sowie das Tragen von Handschuhen bei der Gefahr mit Kontakt von Blut und Ausscheidungen erfolgt durchgängig. Dennoch ist zu beobachten, dass vereinzelte Pflegekräfte ihr Verhalten ändern, sobald sie mit HIV- Infizierten in Kontakt treten. Zum Beispiel das Tragen von Handschuhen bei Tätigkeiten, wo keine Ansteckungsgefahr besteht, d.h. wo kein Kontakt mit Ausscheidungen oder Blut stattfindet.

Wird das Personal auf dieses Verhalten angesprochen, reagiert es teilweise verunsichert und begründet das Tragen der Handschuhe mit dem positiven Befund des Patienten. Eine Möglichkeit diese Haltung zu erklären ist, dass sich diese Personen nicht mit dem Thema auseinandergesetzt haben oder das letzte Mal in ihrer Ausbildung damit konfrontiert wurden. Auch wenn in vereinzelten Fällen eine gesonderte Behandlung stattfand, eine Isolation im stationären Bereich erfolgte nicht.

Im ärztlichen Tätigkeitsbereich sind Lücken bzgl. der Beratung vor einer Durchführung eines HIV- Tests aufgefallen. Zum Beispiel vor bestimmten Operationen, ist es erforderlich einen HIV- Test durchzuführen. Es erfolgt jedoch kein Beratungsgespräch mit dem Patienten über einen möglichen positiven Testbefund.

Auch wenn keine tägliche Konfrontation mit HIV positiven Patienten stattfindet, ist es erforderlich sich mit diesem Thema auseinander zusetzen, um gesonderte Behandlung zu vermeiden und psychische Probleme frühzeitig aufzufangen. Im pflegerischen und medizinischem Bereich sind Lücken die ausbaufähig sind. Um diese zu schließen reichen Ausbildung und Studium nicht aus. Fortbildungsveranstaltungen sind gefragt, sie werden jedoch in einigen Krankenhäusern nicht angeboten.

9. Schluss

In dieser Arbeit wurde der Versuch unternommen, einen Vergleich der Handlungsstrategien gegen die Weiterverbreitung von HIV in der BRD und Afrika zu erstellen und deren Erfolge oder nicht Erfolge anzuzeigen. Krasse Unterschiede sind zu erkennen, da es Ungleichheiten in der Struktur der Länder gibt. Es wurde deutlich gemacht, dass in der BRD die HIV Problematik ernst genommen wurde und das die Regierungen gehandelt haben. Auch wenn es zum Teil bei bestimmten Gruppen zum Rückgang der Neuinfektionen kam, ist zu beobachten das bei anderen Gruppen die HIV Rate anstieg. In den afrikanischen Ländern wurde verdeutlicht, dass sie teilweise keine reale Chance haben Prävention durchzuführen. Dementsprechend steigen die Neuinfektionen, und das hat fatale Folgen für den afrikanischen Kontinent.

Politisch gesehen hat AIDS in Deutschland mittlerweile wenig Konjunktur. In den letzten Jahren wurde das Geld für Präventionsarbeit immer stärker gestrichen.[81]

Auch wenn zur Zeit die HIV- Epidemie in Deutschland stabil ist, heißt das noch nicht, dass eine Ansteckungsgefahr mit HIV nicht mehr besteht. Werden in Zukunft immer weniger Aufklärungskampagnen finanziert und durchgeführt, kann das zur Folge haben, dass die Zahl der Neuinfektionen steigt. Aufgrund dessen, ist weiterhin Aufklärung gegen die Vermeidung von HIV erwünscht. Hier ist anzustreben, die erreichten Erfolge zu sichern und auszubauen. Wichtig ist, der gesamten Bevölkerung und vor allem der nachwachsenden Generation immer wieder neu das Bewusstsein für die Gefahr und den adäquaten Schutz zu wecken.[82] Weiterhin sollte verschärft Aufklärung erfolgen in Bereichen, wo eine Zunahme der HIV- Fälle befürchtet wird, z.B. Tourismus. Eine Untersuchung der Bayer AG ergab, dass ein drittel der frisch HIV- infizierten Deutschen sich im Ausland angesteckt haben.

---

[81] Vgl.: Krämer: HIV- Ausbreitung, a., a., O., Seite 178.
[82] Ebenda

Die meisten seien normale Touristen und keine Sex- Touristen.[83] Ein weiteres Thema sind lesbische Frauen, wo die Gefahr einer HIV- Infektion besteht. Denn etliche lesbische Frauen hatten oder haben gelegentlich heterosexuelle Kontakte. Wie viel HIV- infizierte Frauen lesbisch oder bisexuell sind, ist nicht bekann, da Frauen in der Statistik nicht nach ihren sexuellen Neigungen differenziert werden. Das heißt, im Bereich Aufklärung und Statistik bestehen Lücken, die ausbaufähig sind.[84]

Um die HIV- Epidemie in Afrika zu stabilisieren ist die Durchführung von Aufklärungskampagnen zweitrangig. Im Vordergrund steht die Herstellung eines wirtschaftlichen Gleichgewichts.[85] Aus eigener Kraft werden die afrikanischen Länder nicht zu diesem Ziel kommen. Sie benötigen internationale Unterstützung durch Entwicklungszusammenarbeit. Um ein wirtschaftliches Gleichgewicht zu schaffen ist es notwendig Entschuldungsinitiativen durchzuführen. Erst dann besteht die Möglichkeit ein fundiertes Basis- Gesundheitssystem aufzubauen.[86] Bis sich die wirtschaftliche Lage in Afrika stabilisiert können Jahre vergehen. Eine Unterstützung bei Präventionsprogrammen wird daher auch in Zukunft notwendig sein. Diese Programme können nur dann einen Erfolg zeigen wenn Unterernährung, mangelnde Erd- und Wasserqualität, fehlende Einkommensperspektiven und Krieg mit berücksichtigt werden.[87]

Ein aktuelles Thema in den Medien ist der Prozess, in dem Pharmafirmen gegen die Regierung Südafrikas geklagt haben. 1997 hatte die südafrikanische Regierung ein Gesetz verabschiedet, dass sie zur eigenen Herstellung von AIDS- Medikamenten ermächtigt hatte. Gegen das Gesetz klagten 40 Pharmafirmen. Sie sind der Ansicht, dieses Gesetz sei zu weit formuliert und würde die Patentrechte verletzen.

---

[83] Vgl.: Online im Internet: URL: http://www.hivnet.de/hivnetnews/hivnetnews.htm [Stand 13.02.2001]
[84] Vgl.: Online im Internet: URL: http://www.libertylife.at/frauen17.htm [Stand 23.02.2001]
[85] Vgl.: Online im Internet: URL: http://www.aidsnet.ch/d/infothek_edition_2_00_020.htm [Stand 08.03.2001]
[86] Vgl.: Online im Internet: URL: http://www.dwelle.de/aktuelles/tagesthema/berichte/001201-5.html
[Stand 12.03.2001]
[87] Vgl.: Online im Internet: URL: http://www.viruskillers.webprovider.com/soziale.htm [Stand 14.02.2001]

Kurz nach dem Auftakt des Prozesses kündigte der US- Pharmakonzern Merck an; seine Preise für AIDS- Medikamente in den Entwicklungsländern deutlich zu senken. Auch die indische Firma Cipla will ihr AIDS- Medikament zum Bruchteil des Marktpreises abgeben.[88] Die Angebote der Pharmahersteller die Preise für Medikamente zu senken ist ein erster Schritt um den Zugang der Präparate in diesen Ländern zu verbessern. Jedoch wäre es wichtiger Patente freizugeben, damit die Medikamente in diesen Ländern produziert werden können. Das würde bedeuten die Bevölkerung hätte einen leichteren Zugriff und infolgedessen könnte die hohe Sterbensrate bekämpft werden.[89]

---

[88] Vgl.: Online im Internet: URL: http://de.news.yahoo.com/010308/12/1f1f7.html [Stand 20.03.2001]

[89] Vgl.: Online im Internet: URL: http://de.news.yahoo.com/000716/37/25k8.html [Stand 14.02.2001]

10. Literaturverzeichnis

10.1 Direkt verwendete Literatur

1. *Farthing,Charles F./ Brown, SimonE./ Staughton, Richard C.D./ Cream, Jeffrey J./ Mühlemann, Mark:* AIDS. Erworbenens Immundefekt-Syndrom. Stuttgart, Schwer Verlag, 1989

2. *Hofmann, Andrea/ Knust, Petra/ Schmidt, Nicole D.:* Frauen und Aids. Reinbek bei Hamburg, Rowohlt Taschenbuch Verlag GmbH, 1994

3. *Krämer, Alexander/ Stock, Christiane(Hrsg.):* HIV- Ausbreitung und Prävention. Weinheim und München, Juventa Verlag, 1996

4. *Wolters, Jörg- Michael:* AIDS, psychosoziale Folgeprobleme und sozialpädagogisch verantwortete Strategien der Prävention und Bewältigung. Band 5, Frankfurt am Main, Verlag Peter Lang, 1989

10.2 Internetadressen

1. www.aidsnet.ch/d/infothek_edition_200_020.htm
2. www.aidsnet.ch/d/infothek_edition_2_00_026.htm
3. www.aidsnet.ch/d/infothek_edition_2_00_023.htm
4. www.aisdnet.ch/d/infothek_edition_2_00_022.htm
5. www.aidsnet.ch/d/infothek_edition_2_00_021.htm
6. www.aidsnet.ch/d/infothek_edition_6_99_12.htm
7. www.aidshilfe.de/dah/aktuelles/termine/weltaidstag/statistik99.htm
8. www.aidshilfe.de/dah/aktuelles/themen/index.htm
9. www.aidshilfe.de/dah/aktuelles/infos_medien/infos.htm
10. www.aidshilfe.de/werwirsind.htm
11. www.bzga.de/aids/info.html
12. www.dwelle.de/aktuelles/tagesthema/berichte/001201-5.html
13. www.hivnet.de/hivnetnews/hivnetnews.htm
14. www.hivnachrichten.com/searchhtm/hn_021_11.htm
15. www.hivnachrichten.com/hn041/hn-04112.htm
16. www.hiv-aids-education.de/lexikon/AIDSW.HTM
17. www.libertylife.at/frauen17.htm
18. www.libertylife.at/01020902.htm
19. www.libertylife.at/aidss.htm
20. www.libertylife.at/aidsi.htm
21. www.libertylife.at/aidsfr.htm
22. www.libertylife.at/aidshh.htm
23. www.rki.de/INFEKT/AIDS_STD/EPIDEMIO/ECKDAT/ECKDAT.HTM
24. www.viruskiller.webprovider.com/soziale.htm
25. www.wernerschell.de/Rechtsalmanach/Gesundheit.../der_oeffentliche_ges undheitsdienst.ht
26. de.news.yahoo.com/010308/12/1f1f7.html
27. de.news.yahoo.com/000716/37/25k8.html
28. de.news.yahoo.com/001201/27/17gei.html

10.3 Sonstiges

Pschyrembel Klinisches Wörterbuch, 256., neu bearbeitete Auflage, Berlin, Walter de Gruyter Verlag, 1990

10.4 Weitere Literatur

Rosenbrock, Rolf/ Salmen, Andreas(Hrsg.): Aids- Prävention. Berlin, Edition sigma Bohn, 1990

Von Unger, Hella: Versteckspiel mit dem Virus. Aus dem Leben HIV- positiver Frauen, Berlin, Deutsche AIDS- Hilfe e.V., 1999